恐龙王国大百科
DINOSAUR KINGDOM
恐龙档案

车艳青 编著

煤炭工业出版社

·北 京·

肉食牛龙

肉食牛龙生活在白垩纪时期，顾名思义，它是一种肉食性恐龙。它具有公牛一样的头，眼睛上方有大大的角，大嘴里长满锯齿般的牙齿。它的前肢极小，可能不起什么作用。它的骨骼化石附近，

yǒu yì xiē bǎo cún de hěn hǎo de pí fū yìn hén　zhè xiē pí fū
有一些保存得很好的皮肤印痕，这些皮肤
yìn hén xiǎn shì tā shēn tǐ de liǎng cè bāo zhe yì céng zhuī xíng xiǎo
印痕显示它身体的两侧包着一层锥形小
gǔ cì
骨刺。

恐龙小百科

最强壮的恐龙

　　地震龙大概是恐龙中最强壮的了。它大约重 40~50 吨，相当于 10 头非洲大象的重量。

shé jǐng lóng
蛇颈龙

恐龙小百科

可怕的霸王龙

霸王龙恐怕是大家最熟悉的肉食恐龙。你知道它为什么这么可怕吗？那是因为它有一口满满的、每颗长达 18 厘米的尖牙，边缘还有锯齿。霸王龙的牙齿是已发现的最大的恐龙牙齿。

蛇颈龙全长14米，颈长7米以上，它身体扁平，尾短，四肢鳍状，能灵活地在海水中游泳，也能爬到岸上活动，生活方式很像今天的海豹、海狮和海象等。它经常游弋在离岸不远的海水中，将脖子抬起，脑袋露出水面，一旦发现猎物，就迅速插入水中，以突然袭击的方式咬住猎物。

鸥龙
ōu lóng

鸥龙是一种小型幻龙。幻龙是一类原始海洋爬行动物，可以说是早期的蛇颈龙。鸥龙全长60厘米，外貌像蜥蜴，头小，嘴里有牙齿。全身呈流线型，颈部不

算太长，躯体部分相对宽扁，尾巴细长。前肢变为鳍足，后肢仍保留趾爪，趾间有蹼。大部分时间生活在离岸不远的浅海中，以鱼和其他小型水生动物为食。

恐龙小百科

恐龙的命名

1841年，杰出的科学家理查德·欧文爵士根据当时的发现和自己的研究成果，专门为这些神秘的爬行动物发明了一个名字——恐龙，意思是"令人恐怖的大蜥蜴"。

嗜鸟龙
shì niǎo lóng

嗜鸟龙生活在白垩纪早期，是一种小型食肉恐龙，可能以当时一些小型的哺乳动物、蜥蜴以及其他小型爬行动物，甚至是孵育中的其他恐龙为食。不知当初为什么得名"嗜鸟"，因为没有证据显示它曾真的捕食过鸟类。嗜鸟龙全长1.8米，臀高0.4米，身体可能还没有一只山羊大。它的头顶上有一个小型头盖，牙齿很厉害。能快速追捕猎物，也能逃避因巢穴被掠而狂怒的大恐龙。

恐龙小百科

蛇颈龙是恐龙吗？

恐龙不生活在海里，只是偶尔到浅水里蹚一蹚或短距离地游一会儿泳。蛇颈龙体型硕大无比，是海洋中的霸王，统治着中生代的海洋。生活在海里的蛇颈龙并不是恐龙。

tǎn kè lóng
坦克龙

　　坦克龙生活在白垩纪早期，属于结节龙科。它是已知的最大的结节龙，形似坦克，可能重达3吨。长角的骨质板保护它的背

部，尖尖的骨刺从每一侧伸出。它身体笨重，行动缓慢，幸而它的盔甲能阻挡除了最凶猛的肉食恐龙以外的其他进攻者。

恐龙小百科

恐龙身上有毛吗？

目前还没有任何证据能说明恐龙身上有毛，因为毛是柔软物质，不可能变成化石保留下来。

冥河龙

　　冥河龙全长约2.4米，高约1米，和现在的野山羊很相似。它相貌怪异，头部有一个坚硬的圆形顶骨，周围布满了锐利的尖刺。科学家们分析，这种奇怪的头饰很可能

shì qún tǐ zhōng xióng xìng zhī jiān de
是群体中雄性之间的
zhēng dòu wǔ qì   yuán dǐng kě yǐ
争斗武器，圆顶可以
dǐ shòu měng liè de chōng zhuàng
抵受猛烈的冲撞，
jiǎo cì zé xiāng hù pèng zhuàng   shì
角刺则相互碰撞，是
yù dí de wǔ qì
御敌的武器。

恐龙小百科

恐龙的种类

科学家们估计，已发现的恐龙大约有1200种，而这个数字只占曾经存在过的恐龙种类的四分之一。

埃德蒙顿甲龙

埃德蒙顿甲龙生活在8000万年前白垩纪晚期的美国和加拿大。它以植物为食，体长约7米，高约1.6米。它身上有一层重重的钉状和块状甲板，脑袋上也有一层拼接

14

zài yì qǐ de gǔ bǎn chú cǐ zhī wài tā
在一起的骨板。除此之外，它
de shēn tǐ liǎng cè gè zhǎng zhe yì pái fēi cháng
的身体两侧各长着一排非常
jiān ruì de gǔ zhì cì zhè yàng yì shēn dài
尖锐的骨质刺。这样一身带
cì de kuī jiǎ shì tā yǒu lì de fáng shēn
刺的盔甲，是它有力的防身
wǔ qì
武器。

恐龙小百科

以植物为食的埃德蒙顿甲龙

埃德蒙顿甲龙在灌木丛或低矮的树丛中觅食时，用尖锐的喙把嫩树叶叼下来。它的大嘴深处长着一排树叶形的牙齿，可以把叼下来的食物嚼烂。

艾伯塔龙

　　艾伯塔龙是生活在白垩纪晚期的霸王龙类，体长8米。和所有霸王龙一样，它的腹部排列着两副肋骨。这些附加的肋骨可能有助于支撑内脏，当它躺下来时，内脏不至于被它沉重的躯体压坏。

艾伯塔龙非常凶残，它能一口咬住猎物的脖子将对方杀死。它的两只后腿长而有力，可以使它在追捕猎物时飞速奔跑，然后用自己的尖牙和利爪杀死猎物。

恐龙小百科

恐龙会生病吗？

恐龙当然会生病，而且和今天的动物生病的情况是一样的。它们摔断骨头后还可能痊愈，痊愈后会留下疤痕，这在化石中能找到，并且有些恐龙也会得癌症和关节炎。

肩角龙

肩角龙是生活在三叠纪晚期的一种素食动物，体长约5米。它外表凶悍，具有叶子状的小牙。庞大的身体被包裹在沉重的骨板里，能保护它免遭侵害。肩膀的两侧突出一对长45厘米的骨刺。

恐龙小百科

恐龙需要睡眠吗？

　　恐龙同人类一样需要休息和睡眠，甚至花在休息和睡眠上的时间比人类还要多。

恐龙小百科

冠最长的恐龙

　　头上长冠的几种恐龙你们都知道了吧？那你们知道哪种恐龙的冠最长吗？是副龙栉龙，属鸭嘴龙类，它的冠是中空的，总共约有 1.8 米长。

在6700万年的白垩纪末期，肿头龙会像现在的山羊一样进行格斗——它们都站立起来，相互隔开一段距离，然后往前一冲，它们的大角就撞到一起了。肿头龙全长约9米，头顶由骨头演变出一个肿大的瘤，有20多厘米厚，两侧和后部还有许多小小的疖状突起。它们以这种榔头式的脑袋作为御敌和格斗的武器。

窄爪龙
zhǎi zhǎo lóng

窄爪龙应该是恐龙中最聪明的。它是
一种小个子的食肉恐龙，全长只有2米，
臀高约80厘米。它虽然身材较小，却生有
与恐爪龙相似的杀伤武器。只是它的这些

恐龙小百科

恐龙怎样保持身体清洁？

恐龙的皮肤是坚硬的鳞片，所以，它没
必要像鸟和哺乳动物那样通过经常梳理来清
洁皮肤，它可以通过蜕皮来保持身体清洁。

武器要小得多，所以才叫窄爪龙。在恐龙世界中，窄爪龙的脑子算是最大的，它的眼睛也很大，眼球的直径大约有5厘米。据推测，它可能是一种夜行性动物，一般白天休息，晚上出没在树林中，以小哺乳动物和蜥蜴为食。

kuī tóu lóng
盔头龙

盔头龙属于冠顶鸭嘴龙类，
全长9米。在6500万年前，它
时常出没在当时的矮树丛中，
以树叶、种子、开花植物的果

恐龙小百科

白垩纪所有爬行动物都灭绝了吗？

恐龙在6500万年前的白垩纪末期就全部灭绝了，是不是所有爬行动物当时都一起灭绝了呢？当然不是！今天的蜥蜴、蛇、乌龟和鳄鱼就是那个时期的幸存者。

shí shèn zhì jiān yìng de sōng zhēn wéi shí
实，甚至坚硬的松针为食。
tā de tóu bù yǒu yí gè bàn yuè xíng de dǐng
它的头部有一个半月形的顶
shì jiù xiàng tóu kuī yí yàng zhè ge tóu
饰，就像头盔一样。这个头
kuī shì zhōng kōng de yóu yú kōng qì de
盔是中空的。由于空气的
gòng míng zuò yòng kě yǐ zēng dà tā de
共鸣作用，可以增大它的
jiào shēng biàn yú tā yǔ tóng bàn jiāo liú
叫声，便于它与同伴交流。

慈母龙

科学家在美国蒙大拿州发现了一个完整的慈母龙窝，证明了慈母龙是群居动物。雌性慈母龙会寸步不离地在一旁守护刚生下的恐龙蛋，也会一心一意地抚养出世

hòu de xiǎo kǒng lóng　　cí mǔ lóng kě néng hái gòng tóng fēn dān zhào gù
后 的 小 恐 龙。 慈 母 龙 可 能 还 共 同 分 担 照 顾
xiǎo kǒng lóng de rèn wu　　dāng qí tā kǒng lóng chū qù mì shí shí　　yǒu
小 恐 龙 的 任 务, 当 其 他 恐 龙 出 去 觅 食 时, 有
xiē kǒng lóng liú xià lái kān guǎn yòu zǎi　　cí mǔ lóng fáng yù néng lì hěn
些 恐 龙 留 下 来 看 管 幼 崽。 慈 母 龙 防 御 能 力 很
chà　　yù dào wēi xiǎn shí zhǐ néng kuài sù táo pǎo
差, 遇 到 危 险 时 只 能 快 速 逃 跑。

恐 龙 小 百 科

恐龙会吃同类吗？

通过化石发现，有的恐龙在食物匮乏时，会吃同类恐龙，有的恐龙甚至会吃掉自己下的蛋，吃掉自己的孩子。

隙龙

所有的角龙都有厚厚的颈盾，在起保护作用的同时，也因过于沉重而给行动带来不便。然而隙龙的颈盾却非常特殊，原来它的颈盾不是一整块，在靠近边缘的地方有许多大大小小的孔洞。这样，头部的重量减轻了，活动起来也更加轻捷。隙龙有三只角，鼻子上方的一只较短，眼睛上方的两只又尖又长。

图书在版编目（CIP）数据

恐龙档案／车艳青编著．－－北京：煤炭工业出版社，2018

（恐龙王国大百科）

ISBN 978 - 7 - 5020 - 6680 - 2

Ⅰ．①恐…　Ⅱ．①车…　Ⅲ．①恐龙—儿童读物　Ⅳ．①Q915. 864 - 49

中国版本图书馆 CIP 数据核字（2018）第 114004 号

恐龙档案（恐龙王国大百科）

编　　著	车艳青
责任编辑	马明仁
封面设计	圣源荣信文化

出版发行　煤炭工业出版社（北京市朝阳区芍药居 35 号　100029）

电　　话　010 - 84657898（总编室）

　　　　　010 - 64018321（发行部）　010 - 84657880（读者服务部）

电子信箱　cciph612@ 126. com

网　　址　www. cciph. com. cn

印　　刷　淄博卓阳文化传媒有限公司

经　　销　全国新华书店

开　　本　889mm×1194mm$^1/_{16}$　印张　2　字数　15 千字

版　　次　2018 年 7 月第 1 版　2018 年 7 月第 1 次印刷

社内编号　20180254　　　　定价　35.80 元